让孩子着迷的海洋世界

海洋小精灵

《让孩子着迷的海洋世界》编委会◎主编

大海里，鲜艳的植物随着水流在摇曳，
可爱的动物让海底世界变得更美。

精彩视频
扫码即看

中国出版集团
中译出版社

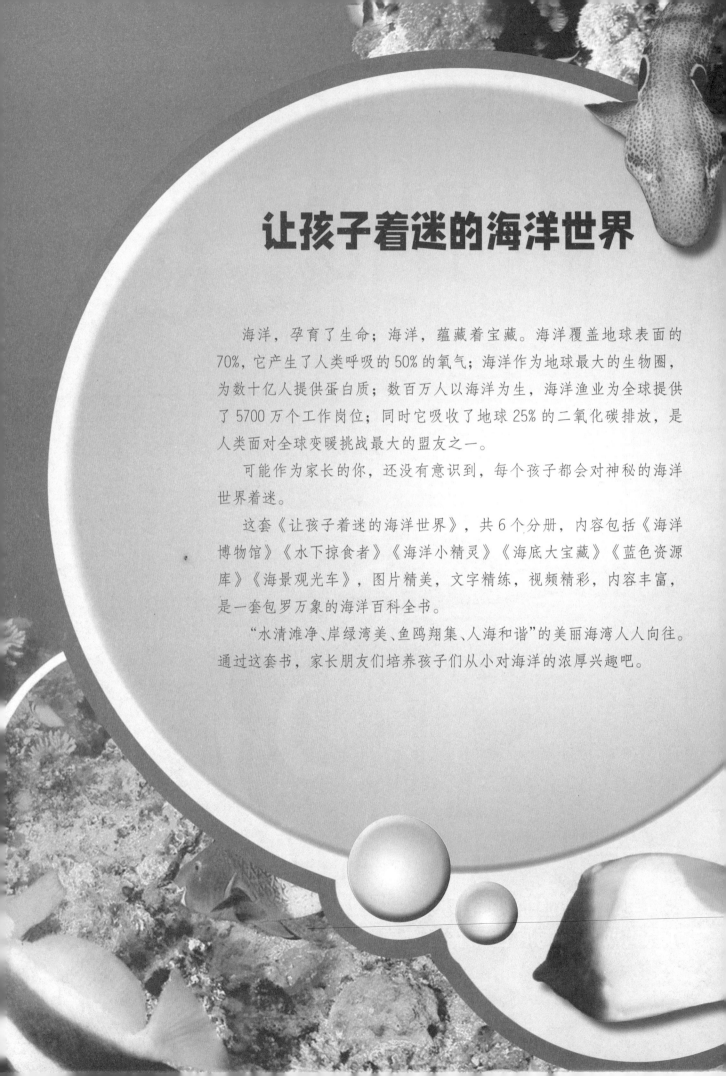

让孩子着迷的海洋世界

海洋，孕育了生命；海洋，蕴藏着宝藏。海洋覆盖地球表面的70%，它产生了人类呼吸的50%的氧气；海洋作为地球最大的生物圈，为数十亿人提供蛋白质；数百万人以海洋为生，海洋渔业为全球提供了5700万个工作岗位；同时它吸收了地球25%的二氧化碳排放，是人类面对全球变暖挑战最大的盟友之一。

可能作为家长的你，还没有意识到，每个孩子都会对神秘的海洋世界着迷。

这套《让孩子着迷的海洋世界》，共6个分册，内容包括《海洋博物馆》《水下掠食者》《海洋小精灵》《海底大宝藏》《蓝色资源库》《海景观光车》，图片精美，文字精练，视频精彩，内容丰富，是一套包罗万象的海洋百科全书。

"水清滩净、岸绿湾美、鱼鸥翔集、人海和谐"的美丽海湾人人向往。通过这套书，家长朋友们培养孩子们从小对海洋的浓厚兴趣吧。

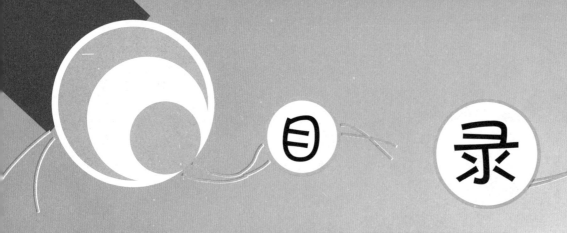

目 录

第一章 鲜艳的"植物"

第二章 憨态可掬的动物

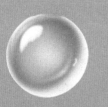

CONTENTS

第三章 体态优雅的动物

第一章　鲜艳的"植物"

大海里，植物随着水流在摇曳。但如果你仔细看，会惊奇地发现，有些"植物"与众不同。其实，它们只是长得像植物而已。有些则是故意伪装成植物的。这些鲜艳的"植物"使得海底五彩缤纷，生机勃勃。

海绵动物

海绵动物无头无脚，颜色绚丽不一，把它们误认为植物一点都不稀奇。它们外形多种多样，有的呈柱状，有的呈漏斗状，看起来十足是一个个烟囱。它们是个庞大的家族，约有8000种，小的只有芝麻粒大小，大的则有2米多长。

偕老同穴海绵

偕老同穴海绵，美貌秀丽，形如一个白色的纱笼。俪虾特别喜欢这种海绵，它们从小就成双结对地在"纱笼"里生活，终生不再外出，这种美丽的海绵也因此而得名。

海绵动物

海绵动物的摄食方式

海绵是动物，当然就会吃东西。那么，海绵动物是怎样获得食物的呢？它们的身体就像是一个花瓶，在"瓶壁"上分布着许许多多细小的小孔，每一个小孔就是海绵的一张"嘴巴"。依靠这些小"嘴巴"，海绵能不断"喝进"海水，从中过滤出食物满足自己的生长需求。

沐浴海绵

沐浴海绵的海绵丝柔软而富有弹性，吸收液体的能力很强，不仅能用于沐浴，还能在医学上用于吸收药液和血液。目前，人们已开始借助沐浴海绵的再生能力进行海绵的人工繁殖。

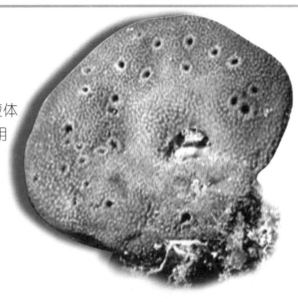

再生能力

海绵动物具有惊人的再生能力，把它们切成极小的碎片，每块碎片都能独立生存，继续长大。人们利用海绵的这个本领开展海绵的人工养殖，把海绵切成小块，系在海底石架上，两三年便可长成原来大小。

拓展

海绵的孤独

海绵动物总是孤零零地独处一隅，似乎特别不招其他动物的喜爱。科学家们分析其原因有三种：一是海绵动物整个身体只有两层细胞，勾不起那些动物的食欲，并且它硬硬的骨骼使其他动物难以下咽；二是海绵动物大多栖息在有海流流动的海底，海流流动使得很多动物都难以生活；三是海绵动物身上通常都有一股难闻的恶臭。

海绵动物的颜色

海绵动物有大红、鲜绿、褐黄、乳白等颜色，像花儿一样美丽。一直以来，人们都把海绵当作植物，直到 18 世纪，它们才被归为动物。

海葵

从外形上看，海葵体色艳丽，就像是盛开在海洋中的花朵。而且它的底部附着在海底，就像植物扎根在土壤里一般。"海中花"可谓名副其实。可事实上，海葵是一种肉食动物。

黄海葵

黄海葵的身体呈黄棕色或淡黄色，颜色与泥沙极为相似，平时依靠这种保护色埋在泥沙里生活，基盘固着在沙中的小石和岩礁之上。黄海葵主要分布在日本、美国以及中国的沿海地区。

海葵的捕食方式

海葵的捕食方式非常特殊，俗称"守株待兔"。海葵的嘴巴周围长满了柔软而美丽的触手，在水中不停地摇摆，犹如风中摇曳的花瓣。一些缺乏经验的小鱼、小虫、小虾时常被这些"花瓣"吸引而靠近，它们还未来得及作出反应，就被触手里的刺细胞杀死，成了海葵的果腹之物。

长寿的"海菊花"

海葵是世界上寿命最长的海洋动物之一。因为它们的外形酷似陆地菊花，可在海洋中长"开"数百年而不"谢"，所以许多人都形象地称呼它们是长寿的"海菊花"。

红海葵

红海葵是一种体长约3厘米的鲜红色海葵，它们通常生活在滨海的岩石或沙穴中，在世界各大洋都有广泛分布。

等指海葵

等指海葵生活在水深2米左右的海底，单独或群居于浅海岩壁的阴暗处或洞穴中。这种海葵的体色变化较大，呈深乳黄色、深红色、红褐色或玫瑰红色。作为著名的海底毒物，等指海葵触手毒刺中的毒素能使动物血压快速下降，心率减慢，呼吸困难而死亡。

你知道吗

海葵毒素

海葵体内的海葵毒素是世界上最厉害的生物毒素之一，比氰化钾还厉害得多。在海葵的触手上隐藏着无数刺细胞，刺细胞中的刺丝囊含有带倒刺的刺丝。一旦碰到它，这些刺丝就会立即刺向对手，并注入海葵毒素，迅速麻痹敌人。

珊瑚

　　美丽的珊瑚时常作为艺术品出现在我们生活中。然而，它其实是无数珊瑚虫和它们的骨骼共同构成的，跟植物毫不搭边。珊瑚虫最伟大之处就在于，它构筑了海洋中最复杂、最热闹的生态系统——珊瑚礁。

红珊瑚

　　红珊瑚的外形就像是一株没有树叶的红色灌木。因其瑰丽鲜艳的颜色，红珊瑚自古以来就是著名的宝石之一，深受人们喜爱。目前，红珊瑚因为过度捕捞已经成为国家一级保护动物。

石珊瑚

　　石珊瑚又名造礁珊瑚。顾名思义，这类珊瑚非常善于制造珊瑚礁，它的骨骼也是构成珊瑚礁的主要成分。举世闻名的大堡礁就是由无数石珊瑚的骨骼堆积形成的。

绿色气泡珊瑚

　　绿色气泡珊瑚往往呈绿色或蓝色，像极了一个个的气泡。但是到了晚上，它们就会像泄了气的皮球一样，变得干瘪，隐约能看到它们的骨骼。

紫侧孔珊瑚

紫侧孔珊瑚通常生长在水深3米的岩礁或裂缝处，多呈紫色、红色、橙色或黄色，大多在25厘米以下，呈横向片状生长。这种珊瑚体表的刺丝胞具有毒性，不能随便碰触。

你知道吗

群居的珊瑚虫

珊瑚虫喜欢群居，它们把身体连接在一起生活。一棵珊瑚上的珊瑚虫们虽然有许许多多张嘴，但它们共用一个身体。平时珊瑚虫们就依靠这些嘴巴过滤海水里的浮游生物生存，身体内的食物残渣也从这里排泄出去。

叶板蔷薇珊瑚

从外形上看，叶板蔷薇珊瑚就像一株株生长在海底的蘑菇，五颜六色，十分可爱。这种珊瑚主要分布于印度洋、太平洋以及红海。

鹿角珊瑚

鹿角珊瑚以其形态像鹿角而得名，它是石珊瑚中数量最大、种类最多的成员。这种珊瑚结构简单，形态多样，广泛分布于太平洋和印度洋之中。

海胆

　　从外表上看，海胆跟陆地上的刺猬非常相像。它们呈球形，全身包裹在一个胆壳内，上面长满可以活动的硬刺，因而有"海中刺客"之称。海胆的腹部很柔软，它们的嘴巴就长在肚子的正中央，里面有5颗白色的牙齿，可以用来咀嚼食物。

光棘球海胆

　　光棘球海胆又叫大连紫海胆，主要分布在黄海、渤海海域。它们的外壳呈半球形，壳高小于壳径，所以看起来像一个矮胖子。光棘球海胆拥有极高的营养价值，是重要的食用海胆，所以人们已经开始对它们进行人工养殖了。

石笔海胆

　　石笔海胆又名烟嘴海胆，它们外壳坚厚，大棘长达7~8厘米，很粗，下部为圆柱状，上端膨大为球棒状或三棱形，颜色非常美丽。这种海胆生活在热带珊瑚礁洞内，在中国的西沙群岛和海南省沿海地区分布广泛。

马粪海胆

马粪海胆棘短而多，呈半球形，状如马粪，直径30~40毫米，最大可达60毫米左右。广泛分布于全世界的海洋中。

心形海胆

心形海胆呈卵圆形或心形，所以它们的壳常常被用来做成工艺品。它们有个特点，就是喜欢在海底挖掘泥沙。因为在泥沙下面，它们可以采集到足够的食物。同时，为了在泥沙底下也能呼吸自如，心形海胆还会给自己挖一些通风口。

海洋百科

美味的海胆

海胆味道鲜美、营养丰富，是著名的海珍之一。我们平时主要食用它的生殖腺，也叫海胆黄。当然，并不是所有的海胆都可以吃，如生长在南海珊瑚礁间的环刺海胆，它的毒汁一旦进入人体，就会使皮肤局部红肿疼痛，甚至导致心跳加快、全身痉挛。

海百合

海百合是棘皮动物中最原始、最古老的一类。顾名思义，它们的外形极像陆地上的百合花，在海中潜水的人遇上它，还会以为自己已经回到了陆地上。

无柄海百合

海百合分为有柄海百合和无柄海百合两大类。无柄海百合没有长长的柄，它既可以浮动又可以固定在海底。遇到需要浮动的时候，它只需要把固定在物体上的腕收起来，随着水流或者摆动触手，就能前进。如果要停下来，那就更方便了，只需要把腕固定在海底的物体上即可。

有柄海百合

顾名思义，有柄海百合有一个像植物茎干一样的柄，柄上端羽毛状的东西是它们的触手，这些触手长得很像蕨类的叶子。因为有"茎干"和"叶子"，所以人们很容易被迷惑，以为它们是海洋中的植物。有柄海百合只能附着在海底生活。

生活习性

　　海百合既然是动物，自然需要进食。它们那长长的触手就像风车一样，迎着水流，过滤海水里的微小生物和碎屑。当它们用腕捕捉到食物后，就会把它们送到中间的"嘴巴"里。而当它们吃饱喝足之后，就开始休息了，这时，它们的腕就会轻轻收拢下垂，宛如一朵即将凋谢的花。

珍贵的海百合化石

　　海百合形态优雅，它们死亡后形成的化石是巧夺天工的天然艺术品，往往成为收藏家争相购买的珍品。不过，要形成化石并不是那么容易的。海水必须没有扰动，海百合的美丽姿态才能被完整地保存下来。因为形成条件苛刻，所以海百合的化石十分珍贵。

海鞘

海鞘一般附着在海底，呈椭圆形。它们形状各异，有的像茄子，有的像花朵，还有的很像茶壶。有趣的是，如果碰一下它们，它们就会射出一股强有力的水流。

柄海鞘

柄海鞘长得很像茄子，因此有"海茄子"的外号。如果受到惊扰，它们会喷出乳汁一般的液体，仿佛牛奶，所以又得名"海奶子"。它们的生长过程很奇特。刚生出来时长得像蝌蚪，经过几个小时到一天，就会附着在海底，再也不能游动了。

玻璃海鞘

玻璃海鞘身体呈圆柱形，透明得跟玻璃一样，透过外皮可以看到体内的器官。它们的繁殖力很强大。每到夏天和秋天，它们就开始大量繁殖，抢夺贝类、海参、藻类等的生存空间，还会附着在码头、船舶上，让人们大为头疼。

菊花海鞘

在海里长得像菊花的，不仅有海葵，还有菊花海鞘。菊花海鞘喜欢集体生活在一起，而且刚好组合成近圆形，看起来就跟菊花一样。"菊花"的"花瓣"就是一个个菊花海鞘，它们有自己独立的入水孔，出水孔却是共用的。

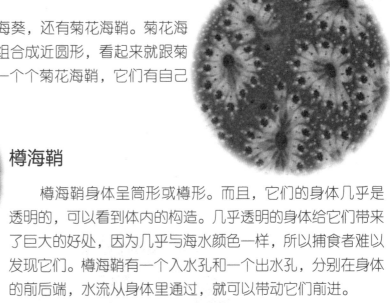

樽海鞘

樽海鞘身体呈筒形或樽形。而且，它们的身体几乎是透明的，可以看到体内的构造。几乎透明的身体给它们带来了巨大的好处，因为几乎与海水颜色一样，所以捕食者难以发现它们。樽海鞘有一个入水孔和一个出水孔，分别在身体的前后端，水流从身体里通过，就可以带动它们前进。

磷海鞘

磷海鞘身体呈圆筒形，大小不一，有的只有小手指那么小，有的却能长到数米长。如果它们觉察到了危险，就会发出蓝色的磷光，因此而得名。蓝色的磷光可以帮助磷海鞘吓跑捕食者，或者把捕食者的天敌也吸引过来。

海马

海马俗名龙落子，它的头与躯干近乎成直角，形状酷似马头，是最不像鱼的鱼类。它们在隐匿时，看起来和植物一模一样，完全无法分辨出来。但是，由于药用价值大，海马还是遭到了人类的大量捕杀而濒临灭绝。

侏儒海马

侏儒海马不愧侏儒之名，体长比小拇指还小，也被称为豆丁海马。它是潜水度假区最受欢迎的明星，不过侏儒海马善于躲藏，还能随时改变体色，受到惊吓就会逃得无影无踪，所以不易被发现。

奇特的泳姿

因为独特的外形和尾部构造，海马成了地球上行动最慢的游泳者之一。栖止时的海马会用弯曲的尾部紧紧勾在海藻的茎枝上，以使自己不被激流冲走。运动时的海马泳姿十分优美，鱼体直立水中，完全靠背鳍和胸鳍高频率地摆动完成缓慢的游动。

捕猎

海马行动迟缓，却能很有效率地捕捉到行动迅速、善于躲藏的桡足类生物。海马的嘴位于长形口鼻的末端，它们可以利用头部的特殊形状，悄悄地靠近猎物，然后加以捕捉，而且成功率超过90%。在整个移动过程中，海马口鼻附近的水几乎不动。

栖息环境

海马行动迟缓，爱缠绕在其他物体上，这使得海马喜欢栖息在风平浪静、水质澄清、藻类繁茂的暖温性浅海。海马借助保护色及伪装成藻类来躲避敌害和捕捉猎物。海马在海藻中体色为黄绿色或绿褐色，在黄红色沙地中体色为黄棕色。

海马群

拓展

爸爸怀孕生孩子

海马是地球上少数几种由雄性生育后代的动物之一。海马爸爸的腹部长有育子囊。交配期间，海马妈妈会把卵子释放到育子囊里，由海马爸爸负责给这些卵子授精。海马爸爸会一直把受精卵放在育子囊里，直到其发育成形，才把它们释放到海水里。

叶海龙

　　叶海龙是一种海马，体长一般 30~45 厘米，长相也很奇特，属于海鱼家族中的异类，自古以来都是名贵的中药材。

"世界上最优雅的泳客"

　　叶海龙主要栖息在隐蔽性较好的礁石和海藻生长密集的浅海水域。因其身上布满形态美丽的"绿叶"，游动起来摇曳生姿，所以被称为"世界上最优雅的泳客"。

分布范围

　　叶海龙仅在澳大利亚南部海域有发现，一般栖息于 4~30 米深的海水中，有时也会下潜到 50 米深的海域。幼体叶海龙一般生活在较浅的水域。

澳大利亚的吉祥物

在澳大利亚，许多人都相信叶海龙可以为他们带来好运，因此它被当作一种吉祥物，经常出现于家居饰品、文身和衣物的图案上。澳大利亚的人们甚至专门为它举办叶海龙节，吸引了许多参与者。

生活习性

叶海龙是肉食动物，主要捕食小型甲壳类动物和其他浮游生物。叶海龙没有牙齿，它的嘴巴很特别，长长的像吸管一样，这一结构特点使得叶海龙适应于吮吸的摄食方式，可把浮游生物、糠虾及海虱等其他小型的海洋生物吸进肚子里。

你知道吗

"超级伪装大师"

叶海龙是海洋中当之无愧的"超级伪装大师"，它全身由叶子似的附肢覆盖，就像一片漂浮在水中的藻类，并呈现绿、橙、金等体色。只有在摆动它的小鳍或是转动两只能够独立运动的眼珠时，才会暴露行踪。

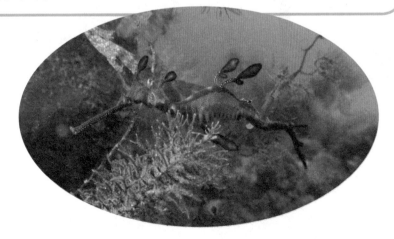

第二章　憨态可掬的动物

海洋里的动物无奇不有。有些动物因为生存需要，进化出了独特的外形。它们那与众不同的形态，往往人们只要看见了，就会感觉到快乐和欣喜。让我们一起来看看那些可爱的海洋动物吧！

翻车鱼

翻车鱼是著名的大型鱼类，最大体长约5米，重量可达3吨以上。它的外形十分奇特：头小，嘴小，尾巴短，背鳍和臀鳍十分发达，看上去就仿佛被切去了后半身一样。

产卵量极大

翻车鱼体大笨拙，又不善游泳，是海洋里其他鱼类理想的捕食对象。它们之所以没有灭绝，原因在于强大的繁殖能力：一条雌鱼一次可产2500万~3亿颗卵，堪称海洋中最会生孩子的鱼妈妈。然而，这些幼鱼只有30条左右能够平安长大。

巨大的翻车鱼

你知道吗

可怜的翻车鱼

虽然身为海洋中最大的鱼类之一，翻车鱼的成长史却是一部被欺凌的血泪史：它们幼年时因为缺乏庇护、个体太小，即便聚集成群也经常被各种掠食鱼类视为美餐；成年后虽然拥有可怕的块头，但缺乏足够的自卫能力和逃生技巧。因此，虎鲸、鲨鱼等大型海生肉食动物也不会放过它们，海狮甚至有时会以猎杀翻车鱼为乐。

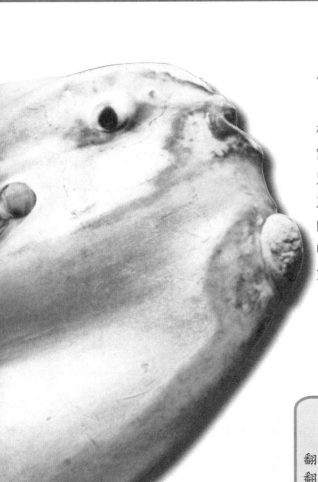

月亮鱼

别看翻车鱼身体硕大，性格却十分温顺，身体周围常常跟随着许多发光动物。只要它一游动，身上的发光动物便会发出明亮的光，远远看去就像海洋中的一轮明月，故而翻车鱼又有月亮鱼的美名。

拓展

我们来记翻车鱼

翻车鱼，翻车鱼，个头大，水面漂，形如翻车来得名。
翻车鱼，翻车鱼，嘴巴小，尾鳍短，被人切去后一半。
翻车鱼，翻车鱼，笨又拙，海兽吃，一次生下3亿仔。
翻车鱼，翻车鱼，性温顺，鱼追随，发光称作月亮鱼。
翻车鱼，翻车鱼，天气好，日光浴，人们叫它太阳鱼。

爱晒太阳

渔民们常常看见翻车鱼翻转身体侧躺在海面上，所以称它为翻车鱼。天气好时，翻车鱼爱平躺在海面上，一动不动仿佛睡着了一般；阳光照耀在翻车鱼银灰色的肚皮上，阳光反射使它仿佛成了海洋中的太阳，所以它也有太阳鱼的称号。事实上，翻车鱼晒太阳是为了提高体温。

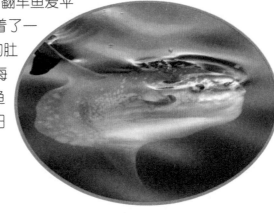

潜水巨匠

翻车鱼头重脚轻的外形特别适合潜水，生活在海洋表层的它们常常下潜到600多米的深海捕食，有时一天多达20多次。遇到恶劣天气或者天敌时，翻车鱼也会立即潜到深水进行躲避。

河豚

河豚，又称气泡鱼、吹肚鱼，虽有"河"称，但大多数种类生活在海中，属暖温带及热带近海底层鱼类，栖息于海洋的中、下层。

外形特征

河豚身体呈椭圆形，前部钝圆，尾部渐细，背鳍位置靠后，无腹鳍，体表长满密密麻麻的小刺。它通常体背为灰褐或黄褐色，腹面白色，体表生有斑纹，因种类不同而各异。河豚的嘴巴很小，但口中长着上下两对大板牙，非常坚硬，连铁丝都能轻松咬断。

刺鲀

刺鲀是河豚家族的一个成员，平时生活在热带海藻和珊瑚礁附近的海底。从体形上看，刺鲀与其他河豚区别不大。然而，它的体表分布有大量的硬刺，平时贴在身上看不见，但遇到敌人或被捕捉时就会迅速"充气"，根根直竖，用以自卫。只有当它觉得警报解除时才会恢复成平时的样子。

生活习性

　　河豚的身体浑圆，主要依靠胸鳍推进，所以游泳速度一般。它们食性较杂，除了食用各种海藻和植物叶片之外，还能够吹动水，使泥沙飞起，然后捕食躲在沙中的鱼、虾、蟹、贝类动物。河豚都是洄游性鱼类，大多在每年3月份由外海游至江河口的咸淡水交汇区域产卵，秋冬季节返回海里越冬，少数种类会直接进入河流内繁殖。

逃过一劫的河豚

吹肚绝技

　　虽然河豚在水中可以灵活旋转，游泳速度却不快，很容易成为其他动物的猎食对象。因此，河豚演化出了不同于一般鱼类的自卫机制。每当受到威胁时，河豚就会快速地将水或空气吸入自己极具弹性的胃里，在短时间内膨胀成数倍大小，吓退掠食者。

拓展

"河豚"与"河鲀"

　　"河豚"是人们对鲀形目鲀科鱼类的俗称，也有些地方用"河豚"来称呼淡水豚科，比如白鳍豚。河豚也被叫作"鲀"，但"河鲀"的说法是不对的。

弹涂鱼

弹涂鱼也叫跳跳鱼。作为一种进化程度较低的古老鱼类，弹涂鱼的一生却有很多时间都不在水里度过，它们喜欢在晴天爬出水面，利用胸鳍和尾柄在海滩上爬行和跳跃，捕食滩涂上的藻类和昆虫。有时候，它们还喜欢爬到树上，可谓鱼类中的怪才。

外形特征

弹涂鱼的身体为圆柱形，蓝绿色的身体上布满淡蓝色的小星点，一般体长为10~20厘米，体重为20~50克。它的两只眼睛离得很近，能自由转动，靠着这对眼睛，弹涂鱼能搜寻食物、发现敌人。

弹涂鱼在争斗

海洋百科

"海上人参"

　　弹涂鱼的肉质十分鲜美，富含蛋白质和脂肪，有滋补功效。因此，日本人称它为"海上人参"。在中国沿海地区，弹涂鱼也是人们极其喜爱的美味佳肴。特别是冬令时节，弹涂鱼更是肉肥味鲜，有"冬天跳鱼赛河鳗"的说法。

地下洞穴

　　喜欢在陆地上生活自然面临着更大的风险。于是，聪明的弹涂鱼进化出了在滩涂上打洞的本领。它们的地下洞穴通常都有两个以上的孔口，一个是正孔口，另一个是后孔口：正孔口为出入要道，后孔口保障水流和空气畅通。

"跳舞求婚"

　　每到春季，雄性弹涂鱼就会精心挖上一个约 60 厘米深的洞，开始"跳舞求婚"。退潮后，雄鱼通过往嘴、腮腔充气而使其头部膨胀起来，将背弯成拱形，竖起尾鳍，不断扭动身体来"跳舞"引诱雌鱼。一旦雌鱼进入它的巢穴，雄鱼会以极快的速度回到洞口，用一块泥巴将其堵住，直到雌鱼产卵为止。

拓展

渔民的惊天绝技

　　弹涂鱼十分机警，动作又敏捷，想要活捉它们，简直是天方夜谭。为此，中国沿海的一些居民练就了一门惊天绝技：使用约 5 米长的钓竿，6 米左右长的鱼线，捕捉 10 米开外，仅 5 厘米左右长的弹涂鱼。其难度和对精准度的要求，堪比 20 米投篮。熟练的渔民仅需 1/8 秒便可捕获一条弹涂鱼。

白鲸

如果评选鲸家族中最漂亮的成员，那么获胜者毫无疑问是白鲸，它们颜色漂亮、体态优雅、性格活泼可爱，还十分聪明，深受世界各地人们的喜爱。

外形特征

白鲸的身体颜色跟其他鲸类不同，为独特的白色。它们个头不算大，成体不过3~5米长，重1吨左右。白鲸的躯体比较粗壮，头部圆而小，喙很短，唇线宽阔，它们的额头向外隆起突出，显得十分滑稽可爱。

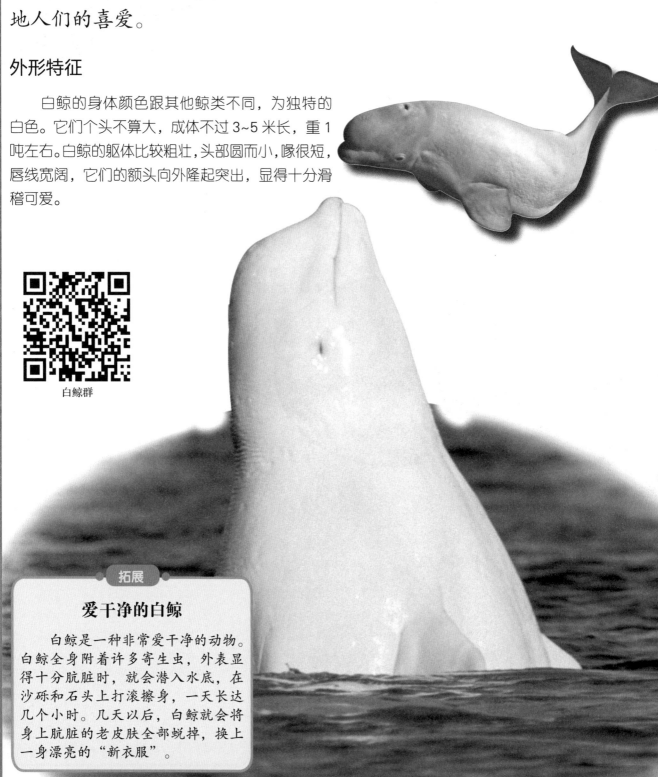

白鲸群

拓展

爱干净的白鲸

白鲸是一种非常爱干净的动物。白鲸全身附着许多寄生虫，外表显得十分肮脏时，就会潜入水底，在沙砾和石头上打滚擦身，一天长达几个小时。几天以后，白鲸就会将身上肮脏的老皮肤全部蜕掉，换上一身漂亮的"新衣服"。

食物与天敌

白鲸食性较杂，它们平时既食用胡瓜鱼、比目鱼、鲑鱼和鳕鱼等鱼类，也食用蟹、虾、蠕虫、贝类等海洋底栖生物。由于没有太多的锋利大牙咬食猎物，白鲸通常会把食物整个吸入口中，所以猎物不能太大，否则就有可能被噎住。白鲸的天敌不多，主要是凶猛的虎鲸与北极熊。

白鲸大迁徙

每年7月，成千上万头白鲸会从北极地区出发，开始它们的夏季迁徙。它们少则几只，多则几万只，浩浩荡荡游向目的地，一路上一边悠闲游玩，一边不停地表演。这些白鲸的迁徙目的地大都集中在纬度较高的区域。有时候，一些调皮的白鲸会离群独自南下，游上几百千米，在黑龙江江口、苏格兰福斯河河口或莱茵河中露出尊容，带给人们意外的惊喜。

生活习性

白鲸主要栖息于河流入海口、峡湾、港湾以及北冰洋长年有光照的温暖浅海，它们喜欢生活在海面或贴近海面的地方，游泳速度比较缓慢，但潜水能力相当强，对于北极的浮冰环境有很好的适应力。

海洋百科

"口技"专家

白鲸是鲸类王国中最优秀的"口技"专家，它们能发出好几百种不同的声音，而且发出的声音变化多端。除了"鲸歌"之外，白鲸还能模仿出陆地动物的叫声、汽车声、铰链声、铃声等各种声响。美国圣地亚哥市国家海洋哺乳动物基金会饲养的一头白鲸甚至还学会了模仿人类说话，把科学家们都吓到了。

海豚

　　海豚属于齿鲸，它们虽然个头比其他鲸类略小，却有着高超的游泳技巧和不一般的智商，加之友善的形态和爱嬉闹的性格，使它们深受人们的喜爱。

智商最高的精灵

　　海豚是公认的除人类以外最聪明的动物。它们的大脑非常发达，脑比重约占其体重的1.17%（人类约占2.1%），比黑猩猩聪明得多。凭借其智慧，海豚在海洋的捕食中往往充当"军师"级的领军人物。

中华白海豚

　　中华白海豚常见于中国东海，属于我国国家一级保护动物，素有"美人鱼"和"水上大熊猫"之称。1997年，中华白海豚被选为香港回归庆祝活动的吉祥物。近年来，由于围海筑堤、人工捕捉等，中华白海豚接近濒危。

海豚领航

　　海豚非常机灵，好奇心很强。它们经常追随船只逐浪前行，并不时地跃水腾空，犹如玩杂技一般，景象蔚为壮观。人们出海航行时会经常看到海豚在船前游动，俨然是一群领航的士兵。

友爱的群体

　　海豚是高度社会化动物，生活在大群体中，群体成员有时甚至能达到上万头。一个群体内的海豚间会进行合作，共同完成捕猎或抵御外敌。除此以外，海豚群体成员间也会协作救助受伤或生病的个体，十分友爱。

海豚的习性

　　大多数海豚都栖息于热带的温暖海域，但也有一些海豚更喜欢寒冷水域。海豚通常生活在浅水并经常停留在海面附近，主要以鱼类和乌贼为食。像其他齿鲸一样，海豚依赖回声定位进行捕食，甚至可以用高强度声波击晕猎物。

人与海豚共游

短吻真海豚

短吻真海豚广泛分布于大西洋和太平洋，是体型最小的海豚之一，通常在 2 米以下。它的吻喙较短，额隆较圆，背鳍高而略呈镰刀形。这种海豚经常活跃地聚集成群，可看到跳跃、激起水花的动作，甚至从相当远的距离外也可听到它们发出的声音。

你知道吗

海豚士兵

海豚智商高，易于接受人的训练，它们能用回声定位法确定目标的具体位置，就像是活的声呐系统一样。因此，一些国家培训了一群特殊的海豚士兵，这些"士兵"可以到水下执行排雷、寻物、保护潜水设施等任务，立下了汗马功劳。

海豚救人

关于海豚，人们最为津津乐道的便是它救人的"义举"。当海豚发现落水者时，会游到其下方把他顶上水面，然后，海豚群围成半圆形，保护着被救的人，把他送往岸边。在遇上鲨鱼袭击人时，海豚还会见义勇为，挺身相救。因此，海豚还有"海上救生员"的美名。

拓展

海豚与人类

作为哺乳类动物，海豚有很多特征都与人类相似。不过，海豚宝宝的出生方式与人类有少许不同：幼豚出生的时候是尾部先出，而人类婴孩则是头部先出。海豚妈妈一般要怀胎 11 个月才会生下小海豚。初生的海豚主要靠母亲的乳汁为食，直至 3 岁左右，它们学会了捕鱼和其他求生技巧，才会逐渐远离母豚群体，与朋友们一起生活。

康氏矮海豚

康氏矮海豚的外表非常特殊，它的体色不像多数海豚一样为青灰色，反而黑白相间，区域界线极为明显。这种海豚体型小而短胖，没有喙，胸鳍呈圆形，背鳍呈圆弧状。它们通常聚集成小群体活动，偶尔会接近人类的船只玩耍。

海獭

　　海獭又叫海虎，跟陆地上的黄鼠狼是亲戚，但它们比黄鼠狼大得多。成年海獭体长1米多，重量超过30千克，它们大部分时间都待在水里，连生产与育幼也都在水中进行。

爱"梳妆"的海獭

　　除了觅食和休息以外，海獭其余时间几乎都用来梳理、舔擦自己的毛皮、头尾和四肢。当然，海獭这么爱"梳妆"可不只是为了臭美，而是为保持自身的清洁与毛皮的防水性。

海獭戏水

母爱比海深

海獭通常一胎只生一个。为了锻炼孩子独立生活的能力，海獭妈妈会把又哭又叫的小海獭放进冰冷的水中，并且和它保持一段距离，严格训练小海獭的划水动作和翻转技巧。有时，海獭妈妈也会像大人逗小孩似的，把小海獭高高地抛起，再轻轻地接住，小海獭开心得不得了。

濒临灭绝

海獭的身上长有动物界中最紧密的毛皮，正是这身毛皮让它们得以在冰冷的海水中生活，也正是这身毛皮给它们带来了灭顶之灾。海獭毛呈深褐色，有光泽，稠密、柔软、蓬松而美丽，是制作御寒衣物的名贵材料。为了获得它，人类对海獭进行了大量捕杀，使它们濒临灭绝。

善用工具

海獭很喜欢食用海胆、海贝等动物，为了对付这些猎物坚硬的外壳，海獭竟然学会了使用工具：它们把猎物从海底带到海面，放在自己的肚皮上，用石头当作砧板，双手拿着猎物用力往石头上砸，直到壳破肉出再食用。一块合适的石头往往会让海獭用上好几天。

拓展

海獭的家

在筑巢方面，海獭堪称匠心独具的"工程师"，它们从岸上搬来大量的石块和树枝，用来在水中修筑巢穴。有时，它们甚至会把巢穴修筑成一个庞大的"水坝"。

皇帝企鹅

　　皇帝企鹅也叫帝企鹅，它身高可达 1.3 米，体重可达 46 千克，是企鹅家族中体型最大的成员。皇帝企鹅身披黑白分明的大礼服，喙赤橙色，脖子底下有一片橙黄色羽毛，向下逐渐变淡，耳朵后部最深，外形十分可爱。

习性

　　皇帝企鹅擅长潜水，主要吃海里的甲壳类动物，偶尔也捕食小鱼和乌贼。它们是群居性动物，平时的活动区域主要有两处，一处为饮食区，一处为居住或繁殖区。每当气候恶劣时，皇帝企鹅会挤在一起防风御寒，场面十分壮观。

挤成一堆的企鹅

繁殖

　　皇帝企鹅是南极洲唯一一种在冬季进行繁殖的企鹅。每年 3~4 月，皇帝企鹅开始求爱；5~6 月，企鹅妈妈产下一枚蛋后，返回大海进行捕食。接下来，企鹅爸爸就把蛋放在脚上，用腹部的育儿袋（悬垂皮囊）盖住它，开始约 65 天的孵卵。小企鹅破壳后，企鹅妈妈再返回来接替筋疲力尽的企鹅爸爸喂食。

皇帝企鹅的家

皇帝企鹅实行严格的一夫一妻制：它们每年仅有一个伴侣，相互保持忠诚，但是一年过后，大多数皇帝企鹅都会重新选择伴侣。雌企鹅每年只产一枚卵，因此皇帝企鹅一家只有3名成员。

企鹅"幼儿园"

为了便于外出觅食和保护照料，企鹅父母会把小宝宝委托给邻居照顾。这样，由一只或几只大企鹅照顾着一大群小企鹅的"幼儿园"就形成了。在"幼儿园"里，企鹅阿姨会悉心地照料每一名企鹅宝宝，小企鹅也会乖乖听阿姨的话，直到父母觅食回来再把它们接回去。

海洋百科

艰苦的生活

虽然名为皇帝企鹅，但皇帝企鹅的生活可不像皇帝那样滋润。繁殖期间，皇帝企鹅需两次长途跋涉往返于大海与繁殖地。雄企鹅孵卵过程中，更是不吃任何食物，多数时间依靠睡眠来减少消耗。为了在低温和大风中生存下来，雄企鹅们经常挤成一团，轮流换到中间取暖。

"海洋之舟"

　　全世界约有 20 种企鹅，它们主要生活在南半球。绝大多数企鹅背黑腹白，直立行走，看起来就像身穿燕尾服的绅士。虽然企鹅不会飞行，而且在陆地上行动十分笨拙，却是真正的游泳健将：它们游泳速度快，并且姿势优雅，犹如在水下"飞行"，所以又有"海洋之舟"的美称。

帽带企鹅

　　帽带企鹅最明显的特征是脖子底下有一道黑色条纹，看起来就像海军军官的帽带一样，显得十分威武刚毅。正如外形显示的一样，帽带企鹅是企鹅家族中最大胆和最具侵略性的成员之一。

跳岩企鹅

　　跳岩企鹅主要生活在岩石耸立的亚南极岛屿上，喜欢用跳跃的方式前进，所以得名跳岩企鹅。它们眼睛上方和耳朵两侧有金黄色的翎毛，就像迷人的发饰一般。虽然长相美丽，但是它们脾气暴躁，如果有其他动物企图接近他们的领地，它们就会毫不客气地用坚硬锐利的喙攻击入侵者。

国王企鹅

国王企鹅也叫王企鹅，是企鹅家族中身材第二大的成员，分布在南极边缘地区。国王企鹅长相"绅士"、身形苗条，是南极企鹅中姿势最优雅、性情最温顺、外貌最漂亮的一种。

企鹅跃入水中

阿德利企鹅

阿德利企鹅因最早发现于南极大陆的阿德利地而得名，是南极地区最常见的企鹅。这种企鹅个头不大，一般体长 46~75 厘米，体重 4~6 千克，眼圈为白色，头部呈蓝绿色，嘴为黑色。它们喜欢集群活动，具有攻击性。

小蓝企鹅

小蓝企鹅，又名小企鹅、蓝企鹅，是企鹅家族中个头最小的成员，也是唯一一种身披蓝色羽毛的企鹅，因而得名。小蓝企鹅身高约 43 厘米，体重仅 1 千克左右，主要出没于南澳大利亚及新西兰、智利的海岸。

黑脚企鹅

黑脚企鹅有一双黑色的蹼足。它们生活在非洲西南岸，叫声刺耳，很像公驴，因而又被称作非洲企鹅或公驴企鹅。这种企鹅一般身高 70 厘米左右，重 2~5 千克，胸部长有黑纹和黑点，每一只黑脚企鹅的斑点都不一样，仿佛人类的指纹。

第三章　体态优雅的动物

海洋动物王国里也有美丑之分。有些动物凶相毕露，有些动物则优雅高贵，十分赏心悦目。鲜艳火红的火焰贝、色彩斑斓的热带观赏鱼、身姿灵动的海鸟……它们优雅的体态使得暴虐的海洋也变得温柔起来。

贝类

　　贝壳的美丽，总让人无法拒绝。在沙滩上如果捡到一枚心仪的贝壳，往往会开心好久。它们常常被做成各种各样的装饰品，吸引了无数爱美人士的目光。其实，它们都是贝类用来保护自己的外壳。

火焰贝

　　火焰贝总是藏身在洞穴里，非常罕见，它的贝壳里面呈红色，壳口处有许多火焰般的触手，中间肉体部分还有两条发光体，如霓虹灯般闪烁。两壳张开时，火焰贝就如同一团红色的火焰，在海底"燃烧"。

贝壳中的珍珠

珍珠贝

　　珍珠贝是能产生珍珠的贝类，种类丰富，包括马氏珠母贝、黑蝶贝等。珍珠贝贝壳的颜色艳丽，有白色、粉红色、乳黄色、青白色等，配上壳内灿烂的珠光，在光照下更是色彩夺目，因此被人们做成美丽的佩饰或器具上的装饰。

竹蛏

竹蛏身体修长，两壳合抱后呈竹筒状，所以得名。它们喜欢把身体大部分埋入沙泥中直立生活，每当遇到危险或环境不良时，竹蛏就会"壮士断腕"，自己割断自己的出、入水管，然后迅速将身体全部埋入沙泥中。因此，一般只有经验丰富的渔民才能完整地捕捉到这些家伙。

砗磲

砗磲是贝类家族中的"巨无霸"，壳长可达 1 米左右。别看它外貌丑陋，贝壳内却艳丽无比，有孔雀蓝、粉红、翠绿等鲜艳的颜色，张开贝壳时，海洋瞬间变得斑斓多姿。而且，它还有各类漂亮的花纹。另外，它还是著名的宝物，常被做成宝石或佛珠使用，著名的"佛教七宝"中就包括砗磲。

扇贝

扇贝的壳很像扇子，所以得名扇贝。它营养丰富，是最著名的海鲜之一。扇贝壳面的花纹十分美丽，而且颜色多样，有紫褐色、红色、浅白色等。而且扇贝还象征幸福、财富，所以成为艺术灵感的来源，被广泛应用于艺术品和生活用品的装饰中。

海螺

　　把耳朵放在海螺壳的螺口处，我们能听到一阵阵的"海浪声"。所以，许多人把海螺称为"大海的精灵"。美丽的海螺壳也因此常常被用来做成乐器。

玉兔螺

　　玉兔螺的螺壳光滑乳白，十分像一块白玉，再探出它们两根长长的触角，十足是一只"玉兔"，因而得名。它们有一项神奇的本领，可以把螺壳内的一层膜伸出螺壳外，从而将螺壳包裹住，这样，就可以轻松改变外形和颜色，把自己伪装成珊瑚，从而逃过捕食者的捕食。

海螺在移动

玫瑰千手螺

　　玫瑰千手螺有许许多多凸出的棘刺，就像千手观音一般，而在棘刺的末端，还有粉色或淡紫色的分叉，仿佛一朵朵绽放的玫瑰，因此得名。但别被它们美丽的外表所迷惑了，它们其实是肉食性螺类，它们能轻松地在猎物的贝壳上钻出一个小孔。沙滩上带孔的贝壳往往就是它们家族的螺类所为。

维纳斯骨螺

维纳斯骨螺的贝壳上紧密地排列着许多长长的棘刺，仿佛梳子一般，吸引了许多人收藏。它们喜欢生活在温暖的浅海，有泥沙的海底。别看它们长相优雅，其实是凶残的肉食性螺类，喜欢捕食贝类。而且有时候，它们还会捕食比它们小的同类。

大琵琶螺

大琵琶螺体型较大，长度甚至达到铅笔那么长。一般螺类都具有非常坚硬的螺壳，琵琶螺的壳却薄而脆弱，所以它们进化出了另一种自我保护方法。当遇到捕食者追捕时，琵琶螺会丢弃足部，趁着捕食者大快朵颐之际逃之夭夭。仅需一周左右，新的足部就会开始生长形成。

鸡心螺

鸡心螺又叫芋螺，主要生长于热带海域，它的外壳前方是尖尖细细的，越往后端越变得粗大，形状像鸡的心脏或芋头，因此得名。它喜欢吃海洋蠕虫类动物、小鱼以及其他贝类。但由于行动比较缓慢，追不上猎物，所以它进化出了剧毒。它可以从毒牙中射出毒液，瞬间就让猎物麻痹，甚至一命呜呼。

> **拓展**
>
> #### 价超黄金的绮蛳螺
>
>
>
> 绮蛳螺又名梯螺，外形和螺旋状的楼梯相似。它的色泽和形状都极其美丽，是珍贵的观赏种类，20世纪以前，一个绮蛳螺标本的价格比红宝石和钻石都贵，就算是用黄金制作的绮蛳螺镶钻饰品也都抵不上一个绮蛳螺。它们分布很广，从寒带到热带、从近岸到深海都能生存，喜欢在细沙质海底捕食。

四 大名螺

　　万宝螺、唐冠螺、鹦鹉螺和凤尾螺并称世界四大名螺，都是非常珍贵的海螺品种，具有相当高的观赏性和收藏价值，深受人们的喜爱。

万宝螺

　　万宝螺属大型贝类，一般体长15厘米左右，整个螺壳为红褐色和少量白色，颜色鲜艳，光泽度很好，外观十分漂亮。万宝螺主要栖息于热带海域的珊瑚礁周围，靠捕食藻类和棘皮动物为生，数量稀少，难以捕捉，收藏和观赏价值一流。

唐冠螺

　　顾名思义，唐冠螺的贝壳形状很像唐代的冠帽，因而得名。它的贝壳大而厚重，长和高都可以达到30厘米以上，表面为灰白色，并有不规则的红褐色斑纹，在接近壳口的边缘处有很大的红褐色斑块。唐冠螺主要分布于世界暖水海域，常栖息在低潮线以下。

拓展

法螺

　　有很多生物会破坏珊瑚，其中最恶名昭彰的莫过于海星。海星不仅喜欢食用珊瑚，还会大肆捕食在珊瑚礁里栖息的其他贝类，它的大量繁殖对海洋生态和人们的渔业生产会造成很大危害。然而，法螺非常喜欢食用海星，它们的生存繁衍对于控制海星数量、保护珊瑚礁及珊瑚礁生物群落的多样性具有重要的意义。

鹦鹉螺

鹦鹉螺已经在地球上存活了数亿年，是海洋生物中著名的"活化石"。鹦鹉螺的贝壳很美丽，构造也颇具特色，它的外壳薄而轻，表面呈乳白色，从壳脐辐射出红褐色的花纹，形似鹦鹉嘴，因此得名。

你知道吗

鹦鹉螺的危险处境

自古以来，鹦鹉螺就以它令人炫目的美丽让人们发出由衷的赞美。人们用它来制作精美的酒器或工艺品。在现代，许多人还以收藏鹦鹉螺为雅事。事实上，这种古老的生物虽然已经在地球上生活了数亿年，可目前的数量比大熊猫还稀少，属于国家一级保护动物。私自买卖鹦鹉螺是触犯法律的行为。

凤尾螺

凤尾螺又称法螺，螺塔高而尖，壳口大，壳口内呈橘红色，壳外颜色如孔雀尾翼，布局均匀，色彩斑斓，花纹如凤尾般绚烂。因为个头大、螺塔尖，所以凤尾螺的螺顶经常缺损，完整的凤尾螺非常珍贵。

海兔、蓑海牛

　　海兔和蓑海牛都属于腹足类软体动物，它们头部发达，有眼和触角，足生于腹部，具有吸盘的作用，能紧紧吸附在岩石上。与其他软体动物不一样的是，海兔和蓑海牛都没有贝壳，它们的贝壳早已退化了。

海兔

　　海兔因头上两对兔耳一样的触角而得名。作为软体动物家族中的特殊成员，海兔的贝壳已经退化为一层薄而透明的角质壳，从外表根本看不到。因为这种特征与蛞蝓相同，所以海兔又名海蛞蝓。

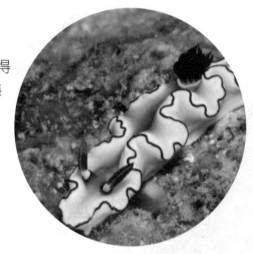

海兔的避敌本领

　　海兔身体柔软又没有外壳，它怎样抵御敌人的进攻呢？原来，海兔的体内有两种腺体，一种能在遇敌时释放出很多紫红色液体，遮挡敌人的视线；另一种能释放出毒液，直接对敌人造成伤害。凭借这两种本领，海兔才能在危机四伏的海底悠闲地生活。

海兔的触角

　　海兔的头顶一前一后长着两对兔耳一样的触角，前短后长。这对触角的作用大着呢！它们分工明确，前触角负责探路工作；后触角侦查周围敌人的气味或追寻猎物。

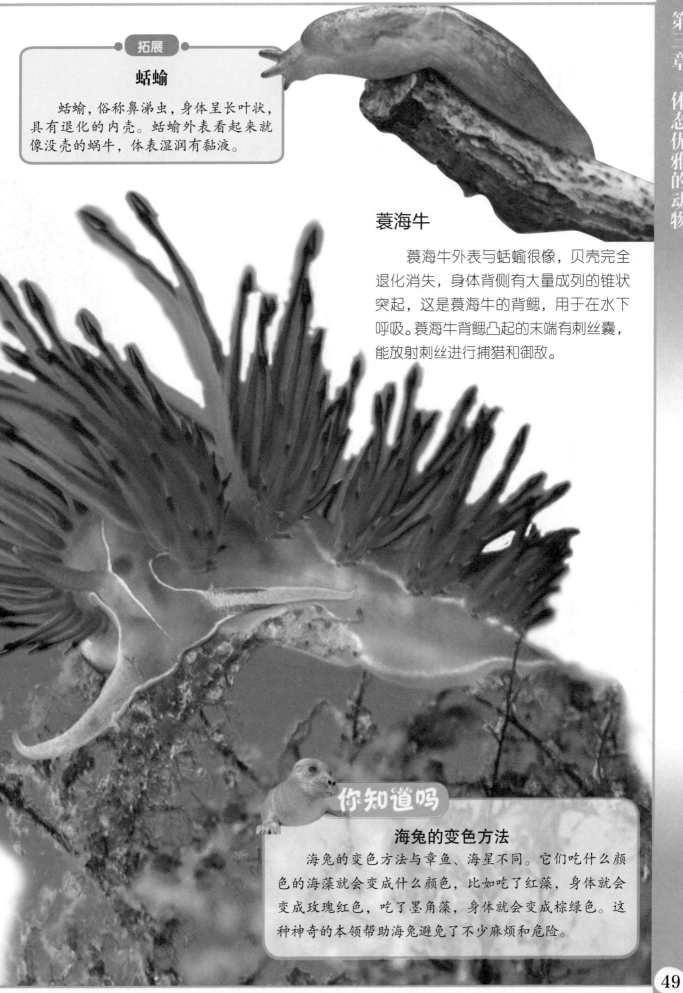

拓展

蛞蝓

　　蛞蝓，俗称鼻涕虫，身体呈长叶状，具有退化的内壳。蛞蝓外表看起来就像没壳的蜗牛，体表湿润有黏液。

蓑海牛

　　蓑海牛外表与蛞蝓很像，贝壳完全退化消失，身体背侧有大量成列的锥状突起，这是蓑海牛的背鳃，用于在水下呼吸。蓑海牛背鳃凸起的末端有刺丝囊，能放射刺丝进行捕猎和御敌。

你知道吗

海兔的变色方法

　　海兔的变色方法与章鱼、海星不同。它们吃什么颜色的海藻就会变成什么颜色，比如吃了红藻，身体就会变成玫瑰红色，吃了墨角藻，身体就会变成棕绿色。这种神奇的本领帮助海兔避免了不少麻烦和危险。

海星

从外表上看，海星的确很像星星，身体扁平，由中央盘和5条腕组成。海星的嘴巴长在腹面，平时利用腕上的管足在潮间带的礁岩间或海底爬行。

海燕

海星家族中有一类成员名叫海燕，它并不是天上的飞鸟，而是多数生活在潮间带岩礁底的一类海星。海燕的触腕比较短，外形好像五角星，在中国黄海和渤海均有分布。

棘冠海星

棘冠海星身体表面布满细长尖锐的有毒棘刺，它们生活在浅海等有珊瑚礁的水域，以珊瑚虫为主食，并且食量惊人。因此，棘冠海星过多会给珊瑚礁造成威胁。除大法螺外，成年的棘冠海星几乎没有天敌。

海星在嬉戏

独特的捕食

　　海星是肉食动物，平时最喜欢吃各种贝类，它们的捕食方式十分奇特：先用腕抱住动物的外壳并固定，用管足把壳拉开后，把自己的胃从嘴里翻出来，包住动物的软体部分进行消化，之后，再把胃缩回体内。把胃从嘴里吐出来消化食物，想想便觉得不可思议。

海洋百科

"分身术"

　　海星会"分身术"。如果把海星撕成几块抛入海中，每一个碎块都会很快长成完整的新海星。有的海星甚至直接靠分裂中央盘来进行无性繁殖。正因为海星有如此惊人的再生本领，所以断臂缺肢对它来说是件无所谓的小事。

蓝指海星

　　蓝指海星是著名的观赏海星之一，它们生活在珊瑚礁及珊瑚礁边缘的阳光充足地区。身体呈亮蓝色，有时带有红色或紫色斑块，十分鲜艳美丽。

热带海水观赏鱼

　　热带鱼原本是在热带水域生活的鱼类总称，而养鱼爱好者将热带、亚热带等地所特有的观赏鱼类统称为热带鱼，目的是区别于其他观赏鱼类。热带海水观赏鱼主要栖息在东南亚、中美洲、南美洲和非洲等海域的珊瑚礁中。

天使鱼

　　天使鱼是热带观赏鱼的代表，素有"热带鱼皇后"之称。长长的背鳍和腹鳍使得天使鱼的侧面轮廓如同天使的翅膀，又像飞翔的燕子，所以天使鱼也叫燕鱼。在自然海域中，幼鱼时期的天使鱼会替较大的鱼清理体表，就像"清洁鱼"一样，以此来减少同种成鱼的敌对和攻击。

拓展

热带鱼家族

　　热带鱼分为热带海水鱼和热带淡水鱼。海生种类有双锯鱼、刺尾鱼、蝶鱼、黄肚蓝魔鬼等；淡水种类有红绿灯、头尾灯、红莲灯、黑莲灯、红七彩、蓝七彩等。

白点河豚

　　白点河豚体长只有40~50厘米，身体呈圆柱形，头大，眼睛位于头顶，全身密布白色圆点。每当遇到危险时，白点河豚会吞入大量海水使身体迅速膨胀呈球状，借以吓唬敌人，此时它们的形象非常有趣，因此深受养鱼人士的喜爱。

鹦鹉鱼

鹦鹉鱼又称鹦嘴鱼，因其嘴形酷似鹦鹉的喙而得名。鹦鹉鱼是生活在珊瑚礁中的典型热带鱼类，它们色彩艳丽，体色不一，同种中雌雄差异较大。鹦鹉鱼口中有锋利的牙齿，可以咬食坚硬的珊瑚，然后将无法消化的珊瑚或岩石排泄出来而形成珊瑚礁区的细珊瑚沙，对珊瑚礁的形成贡献巨大。

双锯鱼

双锯鱼也叫小丑鱼，是小型热带鱼类，生活于沿岸岩石和珊瑚礁之间。它们身型小巧、色彩艳丽、行动迅速，因其能与大型海葵共生而天下闻名，所以也叫海葵鱼。

飞鱼

飞鱼的长相非常奇特，整个身体像织布的"长梭"，鸟翼鱼身，头白嘴红，背部有青色的纹理，一对胸鳍特别发达，就像鸟类的翅膀一样。因为它们常成群地跳出海面滑翔，故有"飞鱼"之名。

飞鱼在"飞"

南海飞鱼

飞鱼在世界各大洋都有广泛分布，中国南海海域就有大批的飞鱼。蔚蓝的大海上，一条条梭子形的飞鱼破浪而出，在海面上穿梭交织，迎着雪白的浪花腾空飞翔，如同美丽的喷泉，令人目不暇接，形成了南海上一道独特而壮观的风景线。

你知道吗

飞鱼并不会飞

飞翔是鸟类特有的本领，严格来说，飞鱼根本不会飞。它们翅膀一样的胸鳍与腹鳍不能扇动，只是借助跃起的力量在海面上优雅地滑翔而已。当然，即便如此，飞鱼的这种本领也十分神奇，能够帮助它们躲开天敌的追杀。

神奇的飞翔本领

飞鱼的飞行并不容易：离开水面前，它们将胸鳍紧贴在身体两侧，快速摆动尾部，产生巨大的推动力冲出水面；跃出水面后，展开胸鳍才开启滑翔模式。也就是说，飞鱼的尾鳍才是它们的"发动器"，剪掉尾鳍后，即使有"翅膀"也飞不起来了。

拓展

飞鱼的失算

绝大多数情况下，飞鱼的飞行都是迫不得已的，因为只有飞起来，它们才能逃脱鲨鱼、金枪鱼等天敌的追逐。当然，有些时候即便飞起来也不见得十分安全，因为它们很容易成为空中飞鸟的猎物，甚至直接飞到渔船上或者撞在礁石上。

"水上飞机"

有人曾在热带大西洋测得飞鱼的最高滑翔纪录：持续时间 90 秒，滑翔高度 10.97 米，滑翔距离 1109.5 米，简直就是一架小型"水上飞机"！

海龟

　　海龟是现今远海中躯体最大的爬行动物，也是动物王国中出了名的长寿之星。作为陆地乌龟的近亲，海龟同样身披橄榄色或是棕褐色的外壳，长着黄色的腹甲。不过，它们不能将头及四肢缩回龟壳里。它们的嘴为喙形，肢体也进化为独特的船桨状。

海龟种类

　　海洋里生活着 7 种海龟：棱皮龟、红海龟（蠵龟）、绿海龟（绿蠵龟）、玳瑁、太平洋丽龟、平背海龟和大西洋丽龟。其中，前 5 种海龟在中国沿海都有分布。目前，现存的所有海龟都是濒危动物，中国也将海龟列为国家二级重点保护动物。

棱皮龟

　　棱皮龟是世界上最大的海龟，它们体长可达 2 米多，重达几百千克。棱皮龟最大的特点是没有龟壳，它们身上有一层很厚的油质皮肤，非常坚硬，一样可以起到保护自身的作用。

绿海龟

绿海龟是世界上现存数量最多的海龟，因身上的脂肪为绿色而得名。它们广泛分布于热带及亚热带海域，是海龟里唯一摄食较多海藻的种类，也是唯一会上岸晒太阳的种类。

小海龟爬向大海

玳瑁

玳瑁的个头不大，一般只有七八十厘米，广泛分布于热带和亚热带海域，是现存最古老的爬行动物。玳瑁的外壳十分美丽，自古以来就被东方人当作辟邪纳福的珍宝收藏。正是这个原因，玳瑁遭到了大量的捕杀，目前已成为濒危动物。

拓展

海龟流泪

人们经常见到海龟"哭泣"，流出泪水。这是为什么呢？原来，海龟长时间生活在海里，喝的是海水，吃的食物含盐量也非常高，体内储存了大量盐分。它们能够利用自己眼窝后面的盐腺将多余的盐分排出去，看起来就像流眼泪一样。

海洋鸟类

　　海洋鸟类身姿灵动，当它们翱翔在海面之上时，展开的双翼让它们看起来像轻巧的滑翔机一般。它们时而盘旋，时而钻入海中，是名副其实的"长翼的海上天使"。

信天翁

　　信天翁是世界上最大的飞行鸟类之一。它们身高1米左右，翅膀展开可达3米多，美丽优雅而高大，素有"飞鸟之王"的美誉。长而窄的翅膀，注定了信天翁最拿手的飞行技巧是滑翔。它们借着海风，可以在海面上一次滑翔好几天甚至是几个星期。在这个过程中，信天翁可以做到几个小时都不扇动一下翅膀，十分神奇。

潜鸟母子

海鹦

　　海鹦有一个宽大鲜艳的鸟喙，看上去跟陆地上的鹦鹉非常相像，因此得名。它们体型娇小，外表可爱。与其他很多海鸟不同的是，海鹦妈妈的育子方式非常高效，它们能够一次将很多条小鱼含在喙中带回家喂给宝宝吃。有时候，一次甚至能带回来十几条鱼。

海燕

海燕是体型最小的海鸟之一。因为外形很像陆地上的燕子，所以得名海燕。别看它娇小，却拥有一对强壮的翅膀，使它飞得又快又稳，不惧狂风大浪。苏联伟大作家高尔基就曾以暴风海燕为原型，创作了著名的散文诗《海燕》。

海鸥

海鸥是最常见的海鸟之一。它们经常成群结队地在海边和海面上空飞翔嬉戏，发出阵阵歌鸣。它们有一项神奇的本领——预报天气：当它们贴近海面飞行时，表示未来天气良好；沿着海边徘徊，表示天气将会逐渐变化；离开水面成群地飞回海边或聚集在岩石缝里，表示暴风雨即将来临。

红喉潜鸟

红喉潜鸟最大的特点是颈部前端有一块红褐色的三角形斑，这也是它们名字的由来。它们翅膀小而尖，腿部粗壮，脚趾上有很大的蹼，这使得它们个个都是游泳和潜水高手。它们潜水的本领在海鸟家族里名列前茅，最深能潜到海面以下 60 米左右的地方。

图书在版编目（CIP）数据

海洋小精灵 /《让孩子着迷的海洋世界》编委会主
编 . -- 北京 : 中译出版社 , 2022.1
（让孩子着迷的海洋世界）
ISBN 978-7-5001-6804-1

Ⅰ . ①海… Ⅱ . ①让… Ⅲ . ①海洋生物—儿童读物
Ⅳ . ① Q178.53-49

中国版本图书馆 CIP 数据核字（2021）第 240350 号

出版发行：中译出版社
地　　址：北京市西城区车公庄大街甲 4 号物华大厦 6 层
电　　话：（010）68359376　68359303　68359101
邮　　编：100044
传　　真：（010）68358718
电子邮箱：book@ctph.com.cn
选题策划：国基宏文
责任编辑：顾客强
封面设计：君阅书装
图片视频：视觉中国
印　　刷：三河市嵩川印刷有限公司
经　　销：新华书店
规　　格：889 毫米 ×1194 毫米　1/16
印　　张：4
字　　数：124 千字
版　　次：2022 年 1 月第 1 版
印　　次：2022 年 1 月第 1 次

ISBN 978-7-5001-6804-1　　　定价：28.80 元